...LITÉ

DES

ASSOLEMENTS FORESTIERS

PAR

A. D'ARBOIS DE JUBAINVILLE

GARDE GÉNÉRAL A VAUCOULEURS

ET ANCIEN ÉLÈVE DE L'ÉCOLE IMPÉRIALE FORESTIÈRE

PARIS

LIBRAIRIE AGRICOLE DE LA MAISON RUSTIQUE

26, Rue Jacob, 26

—

1864

UTILITÉ

DES

ASSOLEMENTS FORESTIERS

NANCY, imprimerie de v^e RAYBOIS, rue du faub. Stanislas, 5.

UTILITÉ

DES

ASSOLEMENTS FORESTIERS

PAR

A. D'ARBOIS DE JUBAINVILLE

GARDE GÉNÉRAL A VAUCOULEURS

ET ANCIEN ÉLÈVE DE L'ÉCOLE IMPÉRIALE FORESTIÈRE

PARIS

LIBRAIRIE AGRICOLE DE LA MAISON RUSTIQUE

26, Rue Jacob, 26

1864

INTRODUCTION

Dans la culture des champs, on augmente leurs récoltes par les assolements, ce moyen ne pourrait-il s'appliquer avantageusement à la culture des bois et augmenter aussi leur rendement? Nous le croyons et bien d'autres avec nous. Mais des hommes éminents professent le contraire, nous jugeons donc utile de soumettre cette question à un examen sévère et d'éveiller l'attention publique sur les conséquences qui en découleront.

CHAPITRE PREMIER

Des assolements eu égard aux différences qu'offrent les arbres dans leur régime alimentaire en principes terreux

---

§ 1er.

Les arbres puisent dans le sol des aliments pres·
que semblables, mais qui varient surtout en proportion pour chaque espèce, soit par nécessité vitale,
soit seulement par prédilection. Ils choisissent ainsi
leurs aliments, et ont pour cela deux moyens :
d'abord le pouvoir électif de leurs racines, puis la
propriété qu'ont, au moins, leurs feuilles et peut-
être aussi leurs racines de rejeter, sous forme d'excréments, les substances impropres ou en excès
dans leur séve non encore élaborée.

§ 2.

POUVOIR ÉLECTIF DES RACINES.

Théodore de Saussure, Trinchinetti et Chevreuil ont démontré que les végétaux n'absorbent pas les éléments solubles du sol en raison de leur abondance; mais que, dans une solution composée de plusieurs substances, ils absorbent une plus grande proportion de tel ou tel principe, et qu'ils ont la propriété de dédoubler les solutions pour s'approprier une plus grande portion des éléments qu'ils préfèrent. Les défrichements de forêt présentent parfois des résultats frappants de l'absorption élective des racines. Ce sont, autour de vieilles souches, de fortes incrustations de substances minérales, telles que des sels de chaux et de l'oxyde de fer. Dissous catalytiquement par la matière organique de l'humus, et étant dans le sol en proportion dépassant les besoins des arbres, ces éléments minéraux ont alors trouvé interdite l'entrée des racines, et n'ont pu y pénétrer avec l'eau qui les tenait en dissolution, puis une fois l'eau et la matière organique de l'humus absorbées par les racines, ils se sont précipités et ont formé des incrustations.

§ 3.

EXCRÉMENTS DES FEUILLES.

Le pouvoir électif des racines n'est pas absolu, ainsi que nous l'avons dit, il ne donne à l'arbre que le moyen de faire un choix grossier et insuffisant des principes qu'il destine à sa nutrition. Ce n'est que lors de l'élaboration de la séve dans les feuilles, véritables estomacs des végétaux, que les éléments inutiles sont définitivement rejetés. Les déjections excrémentielles que l'on observe le plus souvent à la surface des feuilles contiennent surtout beaucoup de silicates alcalins. Si on lave des feuilles après quelques jours de sécheresse, l'eau de lavage traitée par un acide laisse déposer de la silice gélatineuse. Les alcalis minéraux assurent ici la solubilité des matières fécales et leur non adhérence. Ainsi, à la surface des feuilles, la silice ne se dépose qu'à l'état de silicate alcalin, et les sels de chaux, que mêlés à des silicates alcalins qui les empêchent de faire corps et de former des incrustations. La pluie est indispensable à la végétation pour laver les feuilles et les débarrasser des matières fécales qui entraveraient la respiration. C'est pour suppléer à cette fonction de la pluie que, dans les serres, bâches et orangeries, on seringue les feuilles. Par les temps secs, les horticulteurs et quelques agriculteurs anglais ne se contentent pas d'arroser ou irriguer leur sol, ils font jaillir l'eau des irrigations pour qu'elle retombe goutte à goutte sur les feuilles et en nettoie les déjections fécales, opération qu'ils appellent le bassinage.

On a pensé que les racines pouvaient aussi rejeter les excréments des plantes, mais cela paraît douteux. Les expériences faites à ce sujet par MM. Macaire, Braconnot, Boussaingault et Chatin, n'ont donné que des résultats contradictoires.

§ 4.

CENDRES DES VÉGÉTAUX LIGNEUX.

MM. Berthier, de Werneck et Chevandier de Valdrome ont étudié les cendres de végétaux ligneux. Ils sont arrivés à des résultats fort intéressants et dont nous allons exposer les principaux.

Analyses de Berthier. — Cendres de charme, hêtre et chêne provenants du département de la Somme et paraissant avoir végété sur le même terrain. — Combinant les résultats de Berthier avec ceux de M. Chevandier pour la quantité de cendres de ces essences, on trouve dans leur bois supposé privé d'eau les proportions suivantes de quelques-uns de leurs éléments minéraux :

	ACIDE PHOSPHORIQUE	SELS ALCALINS	CHAUX	SILICE
Charme.	0,00112	0,00279	0,00546	0,00053
Hêtre.	0,00050	0,00170	0,00570	0,00052
Chêne.	0,00097	0,00256	0,00622	0,00026

Cendres de châtaignier, aulne et sapin, tous trois d'Allevard et venus sur un sol de grauwacks et de calcaires de transition. — Les cendres du sapin contiennent beaucoup moins de chaux et d'acide sulfurique que celles de ses deux voisins, mais en revanche du manganèse qu'on ne trouve pas chez ces derniers et beaucoup plus de sels alcalins. Les cendres du châtaignier renferment le plus de silice, le moins de phosphate de fer et pas de phosphate de chaux. Les cendres de l'aulne sont de beaucoup les plus riches en phosphate de fer.

Cendres de tilleul, cerisier mahaleb, sureau rouge, arbre de Judée, coudrier, mûrier blanc et mûrier de la Chine tous crûs à Nemours, dans le jardin

Berthier, dont le sol formé par une grève argileuse
et singulièrement pauvre en carbonate de chaux ne
jouirait probablement d'aucune fertilité, s'il n'était
arrosé par les eaux de la rivière du Loing qui fil-
trent à moins d'un mètre de profondeur. — Les
cendres les plus riches en sels alcalins sont celles
du sureau rouge, et les plus pauvres, celles du
tilleul qui en contiennent trois fois moins. Les plus
riches en acide phosphorique sont celles du mûrier
blanc, et les plus pauvres, celles du tilleul qui en
contiennent trois fois moins. Les plus riches en
oxyde de fer sont celles du coudrier, et les plus
pauvres, celles du tilleul qui en contiennent trente-
huit fois moins. Les plus riches en magnésie sont
celles du mûrier de la Chine et de l'arbre de Judée,
et les plus pauvres, celles du tilleul qui en contiennent trois fois moins.

Cendres d'un sapin de Norwége. — Ce sapin
n'est évidemment qu'un pin sylvestre, le sapin ne
végétant pas sous le ciel glacé de la Norwége. Les
cendres de ce pin du Nord sont remarquables par
leur forte proportion de silice, d'oxyde de fer et

surtout de soude, ainsi que par leur pauvreté en chaux et acide phosphorique comparativement aux cendres d'autres essences.

Cendres de pin du département des Basses-Alpes. — Elles contiennent très-peu d'acide phosphorique.

Cendres de bouleaux venus sur l'argile sableuse et remplie de cailloux de la forêt d'Orléans. — Elles se distinguent par leur faible proportion d'acide sulfurique et leur 0,43 de chaux, quantité remarquable eu égard au sol si pauvre en chaux où ont végété ces bouleaux.

Cendres d'un cytise faux ébénier crû dans le jardin de l'école des mines attenant au Luxembourg.— Elles sont remarquables par leur forte dose de phosphate de chaux. Celles d'un autre faux ébénier élevé à Nemours dans le jardin Berthier contenaient encore plus d'acide phosphorique, jusqu'à 0,23.

Cendres d'un pin maritime venu aux environs de Nemours, dans un sol composé de grès, de sable et de calcaire. — Elles se distinguent par leur faible quantité de sels alcalins et leur forte proportion de silice.

Les principes minéraux des feuilles, bien qu'ils soient rendus au sol, constituent néanmoins une avance que les arbres doivent puiser dans le sol et qui doit être considérable pour les essences à racines pivotantes. A ce point de vue, nous croyons utile de citer encore des analyses faites par Berthier sur les cendres de quelques feuilles.

Cendres de feuilles de mûrier, noyer, marronnier d'Inde, platane, peuplier Suisse et vigne, tous crûs dans le jardin Berthier à Nemours. — En comparant la composition de ces cendres, on reconnaît que les feuilles de platane sont très-pauvres en sels alcalins et riches en fer; les feuilles de vignes, très-riches en sels alcalins; les feuilles de peuplier Suisse, très-pauvres en sels alcalins, pauvres en phosphate, mais riches en chaux; et les feuilles de mûrier, très-riches en silice.

Cendres de châtaignes, noix et graines de pins. — Elles sont caractérisées par leur abondance en phosphates qui les composent en grande partie.

De l'ensemble des analyses de Berthier, il résulte que, dans les principes minéraux du sol, les arbres choisissent les aliments qui leur conviennent le mieux; que si leur bois s'assimile toujours beaucoup de chaux et de potasse, néanmoins c'est dans des proportions variables avec les espèces; que, pour les autres principes minéraux, s'ils se trouvent généralement dans tous les bois, c'est suivant des proportions qui, le plus souvent, varient plus encore d'espèce à espèce; et qu'enfin les feuilles s'assimilent des éléments à peu près semblables à ceux du bois.

Analyses de M. de Werneck. — Elles nous montrent que les végétaux ligneux renferment des proportions très-différentes de potasse, et, qu'à l'égard de leur dose de cet alcali, on peut les classer dans l'ordre suivant : le saule blanc, le frêne, l'orme, l'érable sycomore qui en contient environ 0,003; le pin, l'épicéa, le sapin, le sureau rouge, le chêne qui en contiennent environ 0,002; le hêtre, le charme, l'alizier, le bouleau, le sureau noir, le cornouiller,

le tilleul, l'aulne, et le tremble qui en contiennent
environ 0,001.

*Analyses de **M. Chevandier**.* — Elles n'ont rapport
qu'à la quantité de cendres de divers arbres. Elles
nous apprennent que ces arbres donnent des quan-
tités de cendres très-variables avec les espèces, et
par conséquent s'assimilent des proportions différentes d'aliments minéraux.

ESPÈCE DE bois.	QUANTITÉ DE CENDRES DU bois sec.	OBSERVATIONS.
Saule	0,0200	
Tremble	0,0175	
Chêne.	0,0165	
Charme	0,0162	
Aulne	0,0158	
Hêtre	0,0106	
Pin	0,0104	
Sapin	0,0102	
Bouleau	0,0085	
Pin maritime	0.0076	Analyse de Berthier.

§ 5.

AZOTE DES ARBRES.

Les arbres paraissent s'assimiler des proportions
d'azote différentes avec les espèces. D'après M. Chevandier, le pin sylvestre contiendrait moins d'azote
que le chêne, le hêtre, le charme et le sapin.
D'après MM. Boussingault et Payen, le chêne en
contiendrait beaucoup plus que le sapin et le robi-
nier, et, à cet égard, serait une essence exigeante.

§ 6.

ACTION DE DIVERS ENGRAIS SUR LES ARBRES.

La meilleure méthode pour constater le besoin
qu'un arbre a de telles ou telles substances serait
de les lui fournir dans un sol où elles ne seraient
pas assez abondantes et d'observer les effets produits sur sa végétation. A ce point de vue, M. Che-

vandier a fait des expériences très-intéressantes. Il observa l'accroissement produit sur le hêtre, le pin sylvestre, le sapin et l'épicéa par l'application de divers engrais et constata que ces engrais produisaient des effets très-différents suivant les essences. Nous allons mentionner quelques-uns des résultats les plus concluants de ces expériences.

Les cendres lessivées ont augmenté de 40 pour 100 l'accroissement du sapin; de 18 pour 100 celui du pin sylvestre; de 17 pour 100 celui de l'épicéa; et de 10 pour 100 celui du hêtre. Les cendres non lessivées ont augmenté de 50 pour 100 l'accroissement de l'épicéa; de 40 pour 100 celui du sapin et de 13 pour 100 celui du hêtre. Ce résultat coïncide avec cette observation de M. de Werneck, que l'épicéa consomme plus de potasse que le sapin, et le sapin beaucoup plus que le hêtre.

La chaux éteinte à l'air a augmenté de 30 pour 100 l'accroissement de l'épicéa; de 14 pour 100 celui du hêtre; de 10 pour 100 celui du pin sylvestre; et n'a pas eu d'action sur le sapin. A l'égard du hêtre, du pin sylvestre et du sapin, cet effet concorde avec les analyses de Berthier, qui nous montrent le pin sylvestre et le sapin comme les moins exigeants en chaux.

Le plâtre cuit en poudre a augmenté de 44 pour 100 l'accroissement de l'épicéa; de 36 pour 100 celui du hêtre; de 16 pour cent celui du pin sylvestre, et a profité le moins au sapin dont l'accroissement n'a été élevé que de 8 pour 100. Ce résultat est d'accord avec les analyses de Berthier, qui nous montrent le sapin comme une des essences consommant le moins d'acide sulfurique; nous parlons d'acide sulfurique, parce que M. de Gasparin a démontré que l'action fertilisante du plâtre est due surtout à son acide sulfurique.

Le sulfate de fer a eu, en général, une action nuisible, mais surtout sur le sapin. Ce résultat coïncide encore avec les analyses de Berthier, qui nous indiquent le sapin comme une des essences s'assimilant le moins d'acide sulfurique.

Les sels ammoniacaux ont augmenté de 48 pour 100 l'accroissement du sapin; de 33 pour 100 celui de l'épicéa, et d'environ 28 pour cent celui du hêtre et du pin sylvestre. En ce qui concerne le pin sylvestre, ce résultat concorde avec les analyses de M. Chevandier, qui nous montrent cette essence comme la moins exigeante en azote.

Le carbonate de soude a augmenté de 14 pour 100 l'accroissement du pin sylvestre et nuit aux autres essences. Ce résultat est d'accord avec les analyses de Berthier qui nous montrent le pin sylvestre de Norwége comme très-remarquable par sa richesse en soude.

Les os calcinés en poudre ont augmenté de 44 pour 100 l'accroissement de l'épicéa, peu profité au pin sylvestre et au hêtre et pas au sapin. Pour le pin sylvestre et même le hêtre, c'est d'accord avec les analyses de Berthier qui nous montrent la sobriété de ces essences pour l'acide phosphorique.

Les os non calcinés en poudre ont augmenté de 34 pour 100 l'accroissement de l'épicéa; de 13 pour 100 celui du sapin et de 9 pour 100 celui du pin sylvestre.

La poudrette a augmenté de 28 pour 100 l'accroissement de l'épicéa; de 14 pour 100 celui du pin sylvestre; de 11 pour 100 celui du hêtre et paraît n'avoir pas eu d'action sur le sapin.

Le sang coagulé a augmenté de 37 pour 100 l'accroissement du sapin; de 21 pour 100 celui du hêtre, et de 5 pour 100 celui du pin sylvestre.

Le nitrate de potasse a augmenté de 6 pour 100 l'accroissement du hêtre et du pin sylvestre, diminué de 4 pour 100 l'accroissement de l'épicéa et de 35 pour 100 celui du sapin.

§ 7.

SOLS PRÉFÉRÉS PAR LES VÉGÉTAUX LIGNEUX.

Depuis longtemps les sylviculteurs ont constaté que les végétaux ligneux ne sont pas indifférents à la composition chimique des terres où ils végètent et qu'ils ont des sols préférés.

Le pin maritime ne se plaît que dans les terrains siliceux. Dans ceux qui sont exclusivement calcaires, il périt de misère. Berthier nous l'explique par la forte ration de silice nécessaire à cette essence.

Le châtaignier aime les sols granitiques, sablonneux, schisteux, riches en silice et redoute les sols calcaires. Berthier nous l'explique par la forte ration de silice que le châtaignier consomme et par son manque de phosphate de chaux.

Le cytise faux ébénier préfère les sols calcaires. Berthier nous l'explique par la forte ration de phosphate de chaux qu'absorbe cet arbuste.

Le pin sylvestre préfère les terrains siliceux, il croît pourtant dans des sols très-calcaires, mais il n'y a qu'une pauvre végétation. Berthier nous l'explique par la ration riche en silice et pauvre en chaux que s'assimile ce conifère. M. Chevandier a également constaté ce fait par la médiocre augmentation d'accroissement que la chaux procure au pin sylvestre.

L'épicéa donne des produits d'une qualité supérieure dans les terrains calcaires. M. Chevandier nous l'explique par la forte ration de chaux que ce résineux consomme.

Le sapin a une végétation très-active dans les sols granitiques ou euritiques riches en alcalis, et une végétation moins brillante dans les sols calcaires. MM. Berthier et Chevandier nous l'expliquent par la ration riche en sels alcalins et relativement pauvre en chaux que s'assimile ce conifère.

Le bouleau se contente de sols très-pauvres. M. Chevandier nous l'explique en partie par la grande sobriété de cette essence pour les aliments minéraux.

Le frêne, l'orme et l'érable sycomore ne se plaisent que dans les sols très-fertiles. M. de Werneck nous l'explique en partie par la forte ration de potasse dont ils ont besoin.

Le pin d'Autriche, le pin d'Alep, l'alizier blanc, le poirier, le prunier, l'if, le buis et le cornouiller mâle aiment les sols calcaires.

L'ajonc préfère les terrains siliceux.

§ 8.

UTILITÉ DES ASSOLEMENTS A L'ÉGARD DU RÉGIME ALIMENTAIRE EN PRINCIPES TERREUX.

Puisque MM. Berthier, de Werneck et Chevandier, ainsi que l'expérience des sylviculteurs ont démontré que le régime alimentaire de chaque espèce d'arbre varie pour la dose et même la nature des principes ou composés terreux, il en résulte qu'il y a utilité à alterner les cultures des différentes essences, et que, de cette façon, on peut obtenir des augmentations d'accroissement analogues à celles réalisées par les engrais qu'employa M. Chevandier. Nous ne voulons pas dire par là que les assolements soient indispensables aux forêts pour assurer leur conservation, mais seulement très-utiles pour augmenter leur accroissement. Les eaux pluviales, ainsi que l'ont démontré MM. Isidore Pierre et de Gasparin, apportent aux végétaux des aliments ter-

reux suffisants pour les faire vivre, mais insuffisants, sans les assolements, pour leur procurer la
santé la plus brillante, le développement le plus
prompt, lc plus complet et qui puisse nous donner
tous les produits que nous sommes en droit d'en
attendre.

CHAPITRE DEUXIÈME

Des assolements eu égard aux différences que présentent les racines des arbres, suivant qu'elles sont traçantes ou pivotantes

Les arbres à racines pivotantes épuisent les couches inférieures du sol, tandis qu'ils enrichissent de leurs feuilles les couches supérieures, lesquelles reçoivent en outre tous les engrais atmosphériques; de là, l'utilité de faire succéder un arbre à racines traçantes à un autre à racines pivotantes. Pendant que l'espèce à racines traçantes trouvera dans les couches supérieures du sol une nourriture abondante et végétera vigoureusement, les eaux pluviales chargées de matières nutritives renouvelleront la richesse des couches inférieures pour qu'une espèce à racines pivotantes puisse encore y trouver une table bien chargée et qui pourvoie largement à son alimentation. En agriculture, la luzerne offre de ce phénomène un exemple frappant. Les engrais sont impuissants à prolonger à la même place le succès de ce végétal à racines plongeantes, et une luzernière défrichée ne peut être cultivée en luzerne de nouveau et avec succès que bien des années après.

M. Evon rapporte que, dans ses pépinières, il ne pouvait faire succéder le mélèze au mélèze sans que les plants de ce conifère n'en souffrissent. La mortalité était grande chez les plants de remplacement lesquels d'ailleurs restaient petits et chétifs. Le fumier ne pouvait réparer le terrain, mais si l'on attendait quelques années avant de replanter du mélèze dans les carreaux qui en avaient déjà porté, les nouveaux plants étaient d'une belle venue. C'est que les mélèzes les premiers cultivés avaient, par leurs longs pivots, épuisé les couches inférieures du sol, et que pour qu'une nouvelle culture de ces résineux y fût possible, il fallait que la filtration eût rendu aux profondeurs du sol leur richesse primitive.

CHAPITRE TROISIÈME

Des assolements au point de vue de la source où les arbres prennent leur azote

On a constaté que certains végétaux prennent tout leur azote dans le sol, tandis que d'autres doivent le prendre en partie dans l'atmosphère. Le froment ne prend son azote que dans le sol. Si on ne le fume pas, il ne peut, en alternant avec la jachère, rendre, tous les deux ans, que 9 hectolitres à l'hectare; quantité correspondante à 18 kilogrammes d'azote versés sur le sol par l'atmosphère, à raison de 9 kilogrammes par an. Or, en Corse, l'hectare d'oliviers non fumé rapporte annuellement en olives 16 kil. 8 d'azote. En Provence, une plan tation de figuiers non fumée et parvenue à son maximum de développement, produit annuellement en figues 30 kilogrammes d'azote à l'hectare. Nos vignes non fumées produisent annuellement en raisin et sarments 12 kil. 33 d'azote à l'hectare. Si on les fume, elles rapportent en raisins et sarments un quart d'azote en plus que l'engrais n'en contient, en supposant l'engrais augmenté des 9 kil. d'azote versés annuellement par l'atmosphère sur chaque hectare. Les plantations de mûriers non fumées donnent annuellement à l'hectare une récolte de feuilles dosant 80 kil. d'azote, et, si on les fume, elles donnent en plus un supplément de récolte dosant 4 kil. d'azote pour chaque kilogramme d'azote de l'engrais. La récolte d'une forêt peut produire annuellement jusqu'à 31 kil. d'azote à l'hectare. En comparant la persistance de ces fortes productions azotées avec la faible quantité d'azote contenue dans le sol, on ne peut guère se refuser à admettre qu'il est des végétaux qui doivent puiser l'azote dans l'atmosphère, mais suivant des proportions variables avec les espèces. Dès lors on comprend l'avantage qu'il y aurait à faire succéder un arbre prenant son azote dans l'atmosphère à un autre qui le prendrait surtout dans le sol et réciproquement. En sylviculture, on n'a pas encore distingué nettement les essences à ce point de vue. On sait pourtant que certaines espèces sont améliorantes, donnent au sol plus qu'elles ne lui ont pris, tandis que d'autres semblent épuisantes. Le hêtre notamment paraît être l'essence la plus améliorante de nos forêts douées déjà de quelque fertilité. Dans les sols tout à fait stériles, les pins sont pareillement des essences améliorantes et très-aptes à préparer ces terrains pour la culture d'essences plus exigeantes. Le chêne, au contraire, semblerait être une espèce peu améliorante.

CHAPITRE QUATRIÈME

Utilité générale des assolements, et par suite, du mélange des essences dans les forêts

—

§ 1er.

Les différences que les arbres présentent relativement à leur régime alimentaire en principes terreux, à la profondeur où ils étendent leurs racines et à la proportion suivant laquelle ils prennent l'azote dans l'atmosphère établissent péremptoirement l'utilité des assolements forestiers. Les lois des assolements, ainsi que le remarque M. Gustave Gand, peuvent seules expliquer comment depuis que nos forêts ont été créées les essences envahissantes et à couvert épais n'y ont pas détruit les autres. Ces lois expliquent pourquoi, dans leurs jardins, les arboriculteurs remplacent les arbres usés par d'autres d'une autre espèce, et pourquoi, dans les carreaux de leurs pépinières, les pépiniéristes alternent les espèces qu'ils y élèvent. Elles expliquent l'alternance observée dans les forêts de Russie par Pallas et Georgi, dans les forêts de Norwége par Léopold de Buch, et dans les forêts d'Amérique par Bosc, Michaux et Auguste de Saint-Hilaire. Elles expliquent les résultats obtenus par Duhamel du Monceau lors du remplacement de vieux ormes dans ses avenues composées d'arbres de cette essence. Il remplaça ces vieux ormes par de jeunes sujets de même espèce. Les uns ont péri, les autres ne sont venus qu'à regret et très-lentement. Alors il employa comme arbre de remplacement le peuplier blanc lequel prit un accroissement merveilleux. C'est qu'appauvri de potasse par l'orme qui en est très-avide, le sol ne pouvait plus nourrir convenablement cette essence, tandis qu'il pouvait servir une nourriture abondante au peuplier

blanc qui paraît très-sobre en potasse. En outre,
plus traçant que l'orme, le peuplier blanc étendait
ses racines dans la couche superficielle du sol inex-
plorée par son prédécesseur. Les lois des assolements nous expliquent comment, dans la forêt
communale de Chalaines, dans un canton peuplé
en grande partie de hêtre et de chêne, et où le sol
est profond, nous avons observé que les semis de
chêne réussissent mieux, ont une plus belle végé·
tation lorsqu'ils succèdent au hêtre que lorsqu'ils
succèdent au chêne; tandis que les semis de hêtre
réussissent aussi bien lorsqu'ils succèdent au chêne
que lorsqu'ils se succèdent à eux-mêmes.

§ 2.

Les assolements sont d'une utilité bien évidente,
mais il semble difficile de pouvoir les prati-
quer dans les forêts, puisqu'on ne les ensemence
pas de nouveau comme les champs après chaque
récolte. Heureusement cette difficulté n'est qu'appa-

rente. Pour assoler nos forêts il suffit d'y introduire, ou, pour mieux dire, d'y établir en proportion convenable et diriger sagement le mélange qui, suivant le témoignage de Schacht, s'y trouve toujours sous notre climat, si la main de l'homme ne l'y a pas supprimé. A cet effet, lors des exploitations, il faut conserver des porte-graines d'essences variées, les mélanger aussi uniformément que possible et dans la proportion la plus convenable eu égard à leurs exigences et à leur valeur. Le mélange des porte-graines facilitera les assolements par semis naturels, et amènera dans le peuplement un mélange qui, par lui-même, réalisera en partie tous les avantages des assolements, en donnant aux arbres des voisins qui ne leur déroberont pas leur nourriture et même leur fourniront parfois des aliments. En outre, le mélange permet aux essences à couvert léger de profiter de la fraîcheur que celles à couvert épais conservent au sol. Il atténue encore le danger auquel les arbres sont exposés de la part des insectes nuisibles et des cryptogames parasites radicicoles, qui tous s'attachent de préférence à certaines espèces. L'utilité du mélange a été constatée par tous les sylviculteurs. On sait combien est avantageuse l'association du hêtre au chêne, du hêtre au sapin, de l'épicéa au sapin et du charme au chêne; et qu'en général, en sylviculture, le mélange de deux essences donne un rendement supérieur à celui qu'on obtiendrait par l'éducation séparée de ces deux essences, absolument comme, en agriculture, le méteil donne une récolte plus considérable que celle qu'on obtiendrait par la culture séparée des deux espèces de céréales qui entrent dans l'association du méteil. Les essences peu exigeantes en principes minéraux et très-améliorantes en azote, telles que le hêtre, peuvent seules prospérer en massif pur.

CHAPITRE CINQUIÈME

Réfutation des objections faites contre l'utilité des assolements forestiers

---

§ 1er.

LA COMPOSITION CHIMIQUE DU SOL EST INDIFFÉRENTE AUX ESSENCES FORESTIÈRES ET PAR SUITE LES ASSOLEMENTS LEUR SONT INUTILES.

On prétend que la composition chimique du sol est indifférente aux essences forestières, parce qu'on les trouve sur des terrains de compositions chimiques très-diverses. Pour mettre à néant cette objection, il suffit de citer les résultats si dissemblables obtenus par les mêmes engrais suivant qu'ils étaient appliqués à des essences différentes. D'ailleurs, si les mêmes essences végètent dans les sols les plus diversement composés, elles y prennent les aliments qui leur conviennent, et, une fois qu'elles les ont épuisés, elles sont réduites à la ration que leur apporte la pluie. Elles ne peuvent même jouir que d'une partie de cette ration, car l'autre est enlevée par les eaux qui descendent du sol pour alimenter les sources, et par les eaux qui, sous forme de vapeurs, s'élèvent du sol pour grossir les nuages.

§ 2.

LES GREFFES REPRENNENT ENTRE DES ARBRES DE GENRES ÉLOIGNÉS, CE QUI DÉMONTRE QU'ILS ONT UN RÉGIME ALIMENTAIRE IDENTIQUE ET QU'AINSI LES ASSOLEMENTS LEUR SONT INUTILES.

Il est vrai que parfois les greffes reprennent entre des arbres de genres éloignés, mais, après avoir végété tant bien que mal pendant quelques années, elles languissent et meurent; preuve mani-

feste que la greffe et le sujet ne pouvaient s'accom-
moder du même régime alimentaire.

§ 3.

FUMÉES PAR LEURS FEUILLES, LES FORÊTS N'ONT PAS
BESOIN D'ASSOLEMENTS.

Cette objection est tout à fait spécieuse. En fait
de principes minéraux, les feuilles ne rendent au
sol que ce qu'elles en ont reçu, et alors les principes minéraux enlevés par les récoltes ligneuses
constituent un déficit. Les feuilles ne peuvent en-
richir le sol que de carbone, et, en outre, d'azote,
si elles appartiennent à une espèce améliorante.
D'ailleurs, l'augmentation d'accroissement que les
engrais minéraux et azotés donnent aux forêts
prouve surabondamment que les feuilles des forêts
ne sont pas pour celles-ci un engrais capable de
les porter au degré d'accroissement dont elles sont
susceptibles.

§ 4.

LES FRUITS DES FORÊTS NE SONT PAS ORDINAIREMENT RÉCOLTÉS ET AINSI CONTRIBUENT ASSEZ A FERTILISER LE SOL FORESTIER POUR Y RENDRE INUTILES LES ASSO-LEMENTS.

Les fruits sont riches en phosphates. Sans doute, si on les enlevait on appauvrirait le sol forestier; mais la conservation des fruits ne fait que rendre au sol les phosphates que lui ont soustraits ces fruits. Quant aux phosphates enlevés par les récoltes ligneuses, ils n'en constituent pas moins un déficit souvent assez considérable, car on sait que, pour les champs provenants de forêts nouvellement défrichées, le noir de raffinerie est souvent l'engrais le mieux approprié. D'un autre côté, si, en arboriculture, on obtient beaucoup de fruits, c'est au détriment de la production ligneuse. Enfin, il n'y a qu'à citer les heureux résultats des engrais sur la végétation des bois pour montrer que les détritus des fruits forestiers sont insuffisants pour donner tout son essor à l'accroissement des forêts.

§ 5.

LES VÉGÉTAUX SYVICOLES SONT BEAUCOUP MOINS EXIGEANTS QUE LES VÉGÉTAUX AGRICOLES ET PAR CONSÉQUENT N'ONT PAS BESOIN D'ASSOLEMENT.

Il est heureux que les arbres élevés dans les forêts soient moins exigeants que les plantes cultivées en agriculture, autrement ils ne pourraient arriver à l'âge d'adulte et seraient condamnés à mourir de misère avant d'être sortis de l'enfance. Mais, quand un chêne a vécu quelques siècles à la même place, on comprend que, tout en étant beaucoup moins exigeant que les végétaux agricoles, il ne trouve plus, en proportion convenable, dans le sol, les aliments propres à lui donner la végétation la plus rapide, et qu'il puisse même, pour quelques aliments, être réduit à la ration d'entretien que lui apportent les pluies. En outre, l'utilité des engrais démontre péremptoirement que les végétaux forestiers ne trouvent pas toujours dans le sol tous les aliments nécessaires pour leur donner la plus grande prospérité.

§ 6.

PARMI LES PRINCIPES MINÉRAUX DES ARBRES, LA CHAUX ET LA POTASSE DOMINENT, LES AUTRES ÉLÉMENTS DONT LA PROPORTION VARIE LE PLUS D'ESSENCE A ESSENCE SONT DONC INDIFFÉRENTS, ET LES ASSOLEMENTS, INUTILES.

Pour réfuter cette objection, nous n'avons qu'à faire observer que des principes qui, parfois, n'occupent qu'une place des plus modestes dans la composition d'un végétal ne lui en sont pas moins souvent d'une absolue nécessité. Ainsi l'acide sulfurique, sans lequel on n'obtient que de chétives récoltes dans la culture de la plupart des légumineuses, l'acide sulfurique, dont une faible dose suffit pour doubler ou tripler la production de ces légumineuses, ne s'y trouve pourtant qu'en très-petite quantité. A quoi bon même citer ici des faits agricoles? M. Chevandier nous a montré l'heureux résultat produit par l'acide sulfurique sur l'épicéa, par la soude sur le pin sylvestre et par l'acide phosphorique sur l'épicéa; bien que l'acide sulfurique, la soude et l'acide phosphorique ne s'y trouvent qu'en dose assez petite, quoique sans doute plus grande que dans les autres arbres.

§ 7.

EN S'ENFONÇANT GRADUELLEMENT, LES RACINES DES ARBRES N'ÉPUISENT QUE SUCCESSIVEMENT CHAQUE ZONE DU SOL, ET LAISSENT REPOSER ASSEZ LONGTEMPS LES AUTRES ZONES POUR AINSI OPÉRER UN ASSOLEMENT NATUREL ET SUFFISANT.

Cette allégation repose sur une observation inexacte au moins en partie, car lorsqu'on assiste au

défrichement d'une forêt, on reconnait que les racines des arbres, suivant qu'elles sont traçantes ou
pivotantes, enveloppent d'un réseau complet de che-
velu la couche supérieure ou inférieure de la terre
végétale, et même la totalité de cette terre lorsqu'elle manque de profondeur. D'ailleurs, suivant
l'hypothèse que nous combattons, comment expliquer que la luzerne, dont les racines s'allongent
et pénètrent en terre autant que celles des arbres,
ne peut avantageusement se succéder à elle-même?
En outre, il suffit de rappeler les différences qui
distinguent le régime alimentaire de chaque essence
pour montrer qu'un assolement ne peut produire
tout son effet que s'il est pratiqué avec des essences différentes.

CONCLUSION

Nous persistons ainsi à penser qu'un moyen puissant pour augmenter le rendement de nos forêts, c'est d'y rétablir, mais en proportion convenable, le mélange des essences. De cette manière, d'une part on facilitera les assolements par semis naturels; et, d'une autre part, les arbres contigus, ayant des besoins différents, ne se disputeront pas leurs aliments, mais se contenteront de ceux dédaignés par leurs voisins; les espèces pivotantes étendront leurs racines dans les couches du sol inoccupées par les espèces traçantes; les essences les plus améliorantes fumeront celles qui le sont moins; les arbres à couvert épais donneront à ceux qui n'ont qu'un feuillage léger la fraîcheur de leur ombrage et du lit de feuilles qu'ils étendront à leur pied ; enfin le mélange entravera la multiplication des insectes nuisibles et des cryptogames radicicoles qui tous s'attaquent de préférence à certains arbres.

FIN.

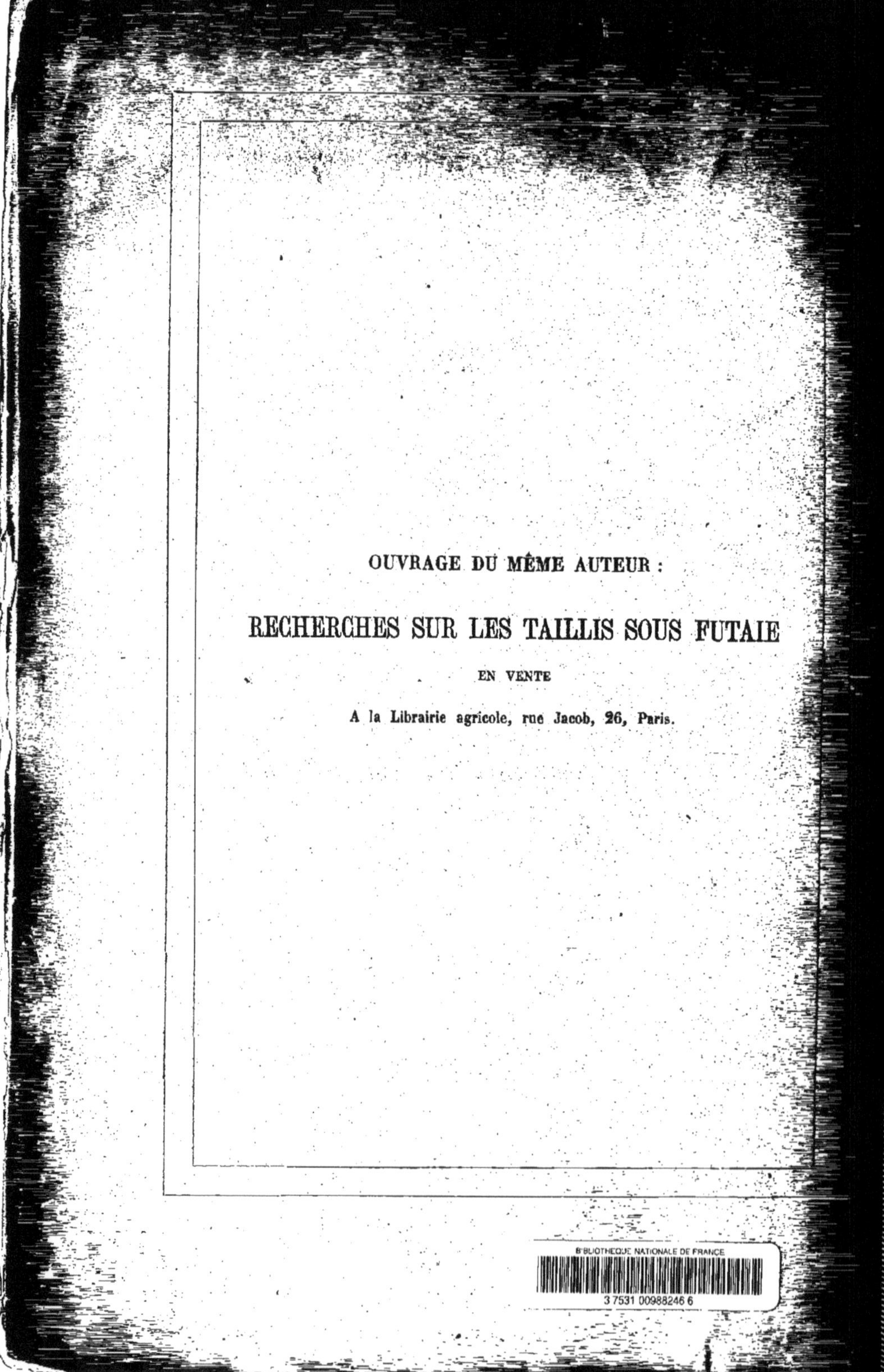

OUVRAGE DU MÊME AUTEUR :

RECHERCHES SUR LES TAILLIS SOUS FUTAIE

EN VENTE

A la Librairie agricole, rue Jacob, 26, Paris.

www.ingramcontent.com/pod-product-compliance
Ingram Content Group UK Ltd.
Pitfield, Milton Keynes, MK11 3LW, UK
UKHW021002220726
13924UKWH00002B/845